ÄGYPTENS BEDEUTUNG FÜR DIE ERDKUNDE

ANTRITTSVORLESUNG

BEI DER EINFÜHRUNG IN DAS GEOGRAPHISCHE LEHRAMT AN DER UNIVERSITÄT LEIPZIG

AM 13. MAI 1905

GEHALTEN

VON

PROF. DR. J. PARTSCH

LEIPZIG
VERLAG VON VEIT & COMP.
1905

Druck von Metzger & Wittig in Leipzig.

In diesem Saale ist niemand, dem nicht in diesem Augenblick die hohe Gestalt des Mannes vor die Seele träte, der fast zwei Jahrzehnte der erfolgreiche Pfleger der Erdkunde an dieser Hochschule gewesen ist. So kühn sein Geistesflug auch, getragen von einer edlen Phantasie, weitgetrennte Dinge zu verknüpfen, mit neuen Gedankenwendungen Hörer und Leser zu überraschen wußte, gab es doch manche Wege des Denkens, die er mit Vorliebe einschlug, manche Auffassungsweise, die ihm gegenüber verschiedenen Problemen immer wieder sich aufdrängte. Solch eine von Friedrich Ratzel oft berührte Saite wollen wir heute in uns nachklingen lassen. Er gewann nicht selten eine Vertiefung des Erkennens, indem er einem Begriff eine Dimension mehr gab, als die gewöhnliche Auffassung ihm zuschrieb. Wie er unermüdlich betonte, daß eine Grenze oder eine Küste keine Linie, sondern ein flächenhafter Saum sei, so belebte er die flächenhafte Anschauung eines Augenblicksbildes eines Landes und seiner Bewohner, indem er mit einer eigenen Stereoskopie des Geistes diesem Bilde eine Tiefe gab. Sein feinsinniger Aufsatz (1), „Über die geschichtliche Tiefe und die Tiefe der Menschheit", führt besonders lebhaft den Gedanken aus, daß auch der Geograph zu einem vollen Verständnis dessen, was die Beobachtung der Gegenwart ihm enthüllt, nur gelangen kann, wenn er das Augenblicksbild als einen Durchschnitt eines Stammes der Entwicklung betrachtet. So verlor Ratzel auch keineswegs die Fühlung mit dem Boden seiner Wissenschaft, wenn er „die Zeitforderung in den Entwicklungswissenschaften" zum Gegenstand einer besonderen Studie machte (2).

In der Tat wäre es eine Art Selbstmord, wenn der Geograph die Grenze seiner Arbeit gegen Geschichte und Erdgeschichte als eine undurchsichtige Scheidewand behandeln und sich dagegen sträuben wollte, daß aus der Vergangenheit belebendes Licht in seinen Stoff hineinfällt. Nicht als die Totenmaske eines erstarrten Antlitzes, sondern als ein lebensvolles, noch in der Entwicklung begriffenes, Wirkungen empfangendes und Wirkungen ausstrahlendes Wesen hat er jedes Stück der Erdoberfläche zu betrachten. Deshalb wird kein Geograph geschichtlicher und geologischer Belehrung sich verschließen dürfen. Veränderlich ist das Antlitz der Erde, veränderlich ist aber auch der Spiegel, der sein Bild aufnimmt, der Menschengeist, — veränderlich in seiner Einsicht und in den Forderungen, die er an die Länder stellt, in der Wertmessung dessen, was sie seinem Willen bieten. Daraus folgt unmittelbar, daß geschichtslose Länder auch auf den Geographen nicht den vollen Zauber der Anziehungskraft zu üben vermögen, wie Länder mit einer reichen, weithin durchleuchteten Vergangenheit. Darin liegt der unverlierbare Reiz der Mittelmeerländer, vor allem die fesselnde Macht Ägyptens. Fünftausend Jahre sind keine kleine Zeit, vielleicht schon ein Viertel des Zeitraumes, der seit dem Schwinden der Eiszeit verrauschte. Ägypten ist wahrlich keines der Länder, denen „das Alter die Reize genommen"; nur immer neue gewinnt es, je weiter die Wissenschaft den Schleier von seiner Vorzeit hebt. Mögen wir auf seine Lage, seine Natur oder sein Menschenleben den Blick lenken, immer gewinnt die geographische Betrachtung aus der Würdigung der weit rückwärts übersehbaren Veränderungen regeres Leben und festeren Schritt.

Wie wechselnd gestaltet sich schon die Lage des Landes! Wir können deren Entwicklung zurückverfolgen bis in eine Zeit, da es ein gesondertes Ägypten noch nicht gab, sein Boden ein unausgeschiedenes Stück der großen afrikanisch-arabischen Tafel war. Im ältesten Abschnitt der Tertiärzeit, vor Beginn der großen tektonischen Veränderungen, die des Alpensystems weit verzweigte Faltenzüge aufrichteten und die Umrisse der Meere durchgreifend änderten, hing Afrika in bedeutender Breite mit Asien zusammen und sendete ihm Vertreter seiner Tierwelt zu, deren afrikanischen Ursprung die Säugetierfunde des Fayûm im Delta eines Stromes, der westlicher als der Nil aus dem Inneren des Erdteiles kam, mit überraschender Klarheit gelehrt haben (3). In jene Zeit festeren Landzusammenhanges der beiden großen Kontinente der alten Welt mag auch die Verwandtschaft zurückreichen, die zwischen den Fischen des Nils und des Jordans besteht (4).

Erst gegen Ende der Tertiärzeit löste sich dieser Landzusammenhang durch den Einbruch des Grabens des Roten Meeres, einen verwickelten auch neuerdings noch nicht erschöpfend geklärten Vorgang (5), der zwei ozeanische Gebiete erweiterte, ohne ihre Annäherung zu länger währender, voller Vereinigung fortschreiten zu lassen. Seit dieser Zeit gibt es ein gesondertes Ägypten, dessen klare Abgeschlossenheit sich allerdings erst vollendete, als nach dem Ablauf einer langen Periode feuchten, regnerischen Klimas, die der Eiszeit Europas entsprach, das Wüstenklima seinen ehernen Himmel über die Länder im Süden und Südosten des Mittelmeers ausspannte. Erst dadurch vollendete sich die Umgrenzung der Oase des jungen Niltals, die merkwürdige Lage Ägyptens, in der klare Abgeschlossenheit zwischen Wüsten und Meeren sich in so merkwürdiger Weise mit dem Brückenschlag zwischen den beiden großen Teilen der Hauptfestlandmasse der Erde und mit engster Annäherung der Ausläufer zweier Ozeane verbindet, daß weniger von der Natur als von der Neigung und der Tatkraft des Menschen die Entscheidung darüber abhing, ob in der Beziehung des Landes zur Außenwelt mehr die Isolierung oder mehr die Verknüpfung zur Geltung kommen sollte.

Zur Isolierung vereinen sich Meere und Wüsten am vollkommensten auf dem Isthmus. Seine Breite fällt fast ganz der Wüste anheim, die sich derart dem Mittelmeer nähert, daß der Verkehr des Altertums sich immer mit Vorliebe auf der schmalen Nehrung bewegte, die zwischen dem Mittelmeer und dem großen Sirbonischen Strandsee dahinzog (6). Es ist auffallend, daß die Maler der „Flucht nach Ägypten“ immer in liebevoller Gestaltung einer freundlichen idyllischen Landschaft ihre Aufgabe sahen, nie die abschreckende Wirklichkeit der gelben Dünen erfaßten, die zwischen Lagune und Meer auch kühne Eroberer nicht ohne Zagen betraten, bang vor den verräterischen Triebsandstellen, deren treffende Beschreibung bei Diodor (7) uns Nordländern Bilder der kurischen Nehrung lebendig macht (8). Die durstigen Dünen, die das Blut des Pompejus tranken, und die Sümpfe um Pelusium schützten dieses Tor Ägyptens gegen Asien, wenn die Verteidiger nicht völlig versagten (9).

Die leichte Verschließbarkeit dieses wichtigsten Zuganges sicherte Ägypten zwar nicht einen so hermetischen Abschluß, wie man ihn früher der ältesten Entwicklung des Landes zuschrieb, wohl aber eine große Selbständigkeit, die Möglichkeit individueller Entwicklung auch der Kulturträger, die von außen eingedrungen und auf dem Boden des Nillandes heimisch geworden waren. Aber Ägypten hat auch die Kehrseite dieser Lage erfahren, die Öde gedankenloser Barbarei, die hinter dieser Schutzwehr und einer hafenarmen Küste sich gegen jede befruchtende äußere Einwirkung abzusperren vermochte. Wie bestimmt dieser natürliche Abschluß dem Lande eine Sonderstellung verlieh, das verleugnete sich auch dann nicht, wenn es einem größeren politischen Zusammenhange sich einfügen mußte. Die besondere argwöhnische Obhut, die in der ersten römischen Kaiserzeit Ägypten zuteil ward (10), wird vielleicht kein vereinzeltes Beispiel der Weltgeschichte bleiben.

Ehe die steigende Entwicklung des Abendlandes die Bedeutung der Mittelmeerküste Ägyptens hob, war die Lötstelle der Berührung mit Asien der wichtigste Zugang des Landes. Sie vermittelte die Einwirkungen der noch älteren Kultur Mesopotamiens, die Zuwanderung der Getreidearten und anderer Nutzgewächse (11); die wertvollsten Haustiere haben hier ihren Einzug nach Afrika gehalten (12). Ganzen Völkern war hier ein Tor zu einer neuen Schicksalsbahn geöffnet. Ägyptens Natur selbst gab durch die Mängel ihrer ursprünglichen Ausstattung den Antrieb, die Absperrung nach außen nicht zu übertreiben. Die Holzarmut des unteren Nillandes regte gebieterisch den Handel mit Phöniziens waldreichen Bergen an (13) und wies bisweilen auch der Politik ihre Ziele. Sobald Ägypten den Versuch machte, in Seeverkehr und Seemacht etwas zu gelten, ward die Lockung übermächtig, nach den Wäldern des Libanon und der kyprischen Berge zu greifen.

Es lag in der damaligen Begrenzung des Gebietes höherer Gesittung, daß diese Beziehungen zu Asien etwas einseitig überwogen. Ägypten bewahrte lange die Stellung eines Grenzlandes der antiken Kulturwelt. Im Zeitalter der potamischen, an große Stromläufe gehefteten Kultur (14) war Ägypten der westlichste Vorposten des Gürtels großer Stromländer, die von den Strompaaren Chinas, Indiens, Mesopotamiens um Asiens

Kern sich verteilten bis an den Nil. Ägypten ward wiederholt ein Nebenland der großen Reiche, die das vorderasiatische Gebiet zwischen den fünf Meeren zu einer kräftigen Einheit zusammenschlossen. Auch für den Hellenismus war es ein Randgebiet seines Herrschaftsbereichs. Die Verteilung der griechischen Inschriften auf Afrikas Boden dringt wohl südwärts bis Adulis und Axum, westwärts über Kyrene und selbst über die Syrten hinaus, aber in Ägyptens westlichen Oasen lag die Grenze ihrer Verbreitung nur 200 km vom Isthmus entfernt.

Und doch liegt etwas Wahres darin, wenn eine weiter greifende Weltansicht schon für jene Zeit Ägypten eine zentrale Stellung anweist. Auf sie kann subjektiv ja jeder Punkt der Oberfläche der Erdkugel Anspruch machen. Jedes Volk fühlt sich im Mittelpunkte seiner Welt. Was Delphi, Delos, Jerusalem, Rom von sich rühmten, was Moritz v. Strachwitz für sein Vaterland empfand, wenn er in seinem Liede „Germania“ betet:

Daß dich Gott in Gnaden hüte,
Herzblatt, du, der Welten Blüte!

das dachten auch die Anwohner des Nils von ihrer Heimat. Sie nannten Ägypten „den Augapfel des Weltalls“, „das Herz des Erdkreises“ (15). Aber hatten sie dazu nicht ein Recht? Ägypten trat wirklich in das Zentrum der Welt, als es zum Vermittler der getrennten Kulturen des Mittelmeeres und des indischen Ozeans sich erhob. Gerade für die wissenschaftliche Geographie fand diese Tatsache ihren unvergeßlichen Ausdruck darin, daß Alexandria der Ursprungsort und der sachliche Mittelpunkt der ältesten wahrhaft wissenschaftlichen Weltbilder war, die in einem Gradnetz das Bewußtsein des Strebens trugen, die Heimstätte der Menschheit (die Oikumene) als Stück der irdischen Kugeloberfläche aufzufassen, ihr den rechten Platz und die treffende Ausdehnung auf dem Globus anzuweisen. Den Ausgangspunkt dafür aber hatte Eratosthenes durch Ägyptens Lage empfangen mit dem scheitelrechten Einfall des Sonnenstrahles, der am längsten Tage des Jahres den Grund des Brunnenschachtes in Syene beleuchtete (16). In Ägypten liegt auch das Kernstück der Ptolemaeischen Weltkarte; wer sie recht beurteilen will, muß das Bild des Landes prüfen, in dem sie entstand (17). Aber wenn er weiter auf ihr sein Auge schweifen läßt, wenn er die antiken Handelswege, die das feste Gerüst dieser Weltkarte bilden, bis zur Heimat des Elfenbeins, des Zinns, des Bernsteins, der Seide und der Edelsteine verfolgt (18), wird er doch immer wieder auf Alexandria zurückgeführt, als den Knotenpunkt der Weltwege jenes Zeitalters. Und als die alte Welt unter den Schlägen der wandernden Völker zusammenbrach, ward Ägypten wieder der Mittelpunkt der Welt des Islam, der erst mit der Eroberung Ägyptens aus der Enge seiner Oasenheimat auf welthistorische Wege überging. Die Nilmündung bildet noch heute genauer als Mekka den Mittelpunkt des vom Halbmond beherrschten Länderkreises, der vom Senegal bis zum Indus und Jenissei, von den Comoren bis zum Wolgaknie sich erstreckt.

Aber wichtiger für die Gesamtheit der irdischen Kulturvölker ist die Stellung, die Ägypten in ihren Wechselbeziehungen einnimmt, seit der erfolgreichste Eingriff menschlichen Willens das dünne Band der Landenge von Suez zerschnitten hat. Der Gürtel dichtester Siedelungen, intensivster Kultur auf dem ganzen Erdenrund umschlingt die ozeanischen Ränder der euro-asiatischen Landmasse von Großbritannien über Indien bis Japan. Die führende Macht in diesem jetzt durch ununterbrochenen Seeverkehr verbundenen Länderkranz, der die größere Hälfte der ganzen Menschheit umschließt, ist Großbritannien. Vom Mutterlande bis zu seinem indischen Kaiserreich geht einer der lebhaftesten Weltwege. Seine Mittelstation, das „halfway-house" zwischen London und Bombay, liegt an der alten Grenze der Ozeane, am Isthmus von Suez. Durch die Schutzherrschaft über Ägypten hat England den das ganze Gewölbe haltenden Schlußstein in den Kernbau seiner weitverzweigten Macht eingesetzt. Dem alten Weltweg des Roten Meeres tritt zu höherer Sicherheit der Verbindung mit Indien der Nilverkehr und die Uganda-Bahn zur Seite, und ein Zukunftsweg Kapstadt-Kairo würde die Zentralstellung Ägyptens im Zusammenhange der britischen Weltmacht noch voller zur Geltung bringen. Im Hafen von Port Said begegnen die australischen Postdampfer Englands und Deutschlands den Schiffen, die New York und Manila verbinden, und das Sternenbanner begrüßt sich hier mit dem der aufgehenden Sonne.

So bietet Ägypten das von der längsten Erfahrung

beleuchtete Beispiel der wechselvollen, immer neue Kräfte weckenden Macht einer bedeutsamen Weltlage, Und in dieser Lage welch absonderliche Natur! Der beherrschende Zug darin ist das Wüstenklima: strahlende Himmelsklarheit, stechendes Sonnenlicht, karge Benetzung, die Luft bald in trockner Frische den Wanderer umwehend, bald flimmernd in stillem Brüten, nicht selten wild erregt im Wirbel der Windsbraut. Das sind die Naturgewalten, die über die Bodengestalt des beiderseitigen Rahmens des Niltals die Herrschaft führen und das Leben begrenzen, das in diesem Tale sich regt. Die Wüstenplatte im Westen des Nils und die Wüstengebirge auf seiner Ostseite sind ein klassischer Schauplatz für das Studium der Physiognomie der Wüstenlandschaft geworden. Kein Wüstenland der Welt dürfte Kartenbilder aufzuweisen haben, wie sie Georg Schweinfurth für dieses Feld seiner Forschungen schuf, keines reichere Beiträge geboten haben zur Klärung der Probleme der Formgebung der Wüsten, der Entstehung von großen und kleinen Hohlformen des Bodens, der Wegführung von Gesteinsmaterial und seiner erneuten Anhäufung in Dünenzügen von bezeichnender Form; auch eine Reihe chemischer Prozesse, die an Gesteinen und am Boden der Wüste verändernd tätig sind, haben hier eindringende Untersuchung und zum Teil volle Aufklärung erfahren (19). Aber wenn die Erforschung der anorganischen Natur nur durch die leichte Zugänglichkeit des Gebietes gerade hierher gelenkt wurde, bleibt Ägypten aus tieferem Grunde der klassische

Boden für das Belauschen der Wirkungen der Wüstenumgebung auf das Leben. Die isolierende Kraft, die sie auf das ganze Land, auf die inselartig abgelösten Oasen und nicht selten auf das Einzelwesen ausgeübt hat, spricht zu uns aus den Überlieferungen der Jahrtausende. Und doch können wir noch kaum behaupten, alles, was die Beobachtung uns lehrt, recht zu verstehen. Dem Ringen zwischen dem Flugsand der Wüste und der Kultur des Niltals entspricht in alter Zeit schärfer als heute der Gegensatz zwischen dem Nomadentum und dem seßhaften Leben. Aber wie diese Nachbarschaft sich abstoßender Mächte es möglich machen konnte, das Vordringen des Kamels, das unter der XI. Dynastie, also sicher vor 2000 v. Chr., schon im Besitz der Wüstenstämme im Osten des Niltals sich befand, derartig aufzuhalten, daß es erst im letzten vorchristlichen Jahrhundert westwärts in die Berberländer verpflanzt ward, bleibt eine Frage, auf die eine vollbefriedigende Antwort doch noch nicht gegeben ist (20). Auch die Lebensbedingungen und -Eigentümlichkeiten der Oasen verdienten noch eine tiefer dringende, durch eigene Beobachtung belebte Beleuchtung (21). Viel gestritten ist worden über die Wurzeln des Mönchtums (22). Der Drang nach Ablösung von der Gesellschaft regt sich überall, wo die Gelegenheit zur Isolierung seine Befriedigung leicht macht; die Wüste ist es, die Anachoreten um so sicherer schafft, je enger ihr Gottesfriede heranrückt an das unruhige Leben einer dicht bevölkerten Landschaft oder gar einer Großstadt. Ägyptens Wüstenland hat in das Christentum diesen Zug hineingetragen. Das genügt dem historischen Beobachter, ohne daß er sich die Frage durch die Untersuchung erschwert, inwieweit ältere Muster aus heidnischer Zeit nachgewirkt haben auf eine Erscheinung christlichen Lebens. Wie der vollen Vereinzelung dann wieder der Zusammenschluß zu locker geeinten Kolonien oder enger klösterlicher Gemeinschaft folgt, wie der Mensch — auch wenn er der Gesellschaft entflieht — sich selbst nimmer entrinnen kann, das klingt aus den Aufzeichnungen des ägyptischen Mönchslebens hundertfach hervor. Bald in gefaßter Ergebung, bald im verzweifelten Aufschrei hallt es aus den Klausen der Wüste uns entgegen: „Homo sum.“

Aber so klar die Wirkungen des Wüstenklimas vor uns hier sich entrollen, so umstritten ist die Dauer seiner Herrschaft. Es unterliegt keinem Zweifel, daß über Ägypten nicht immer der Wüstenhimmel sich wölbte, sondern in ferner Vorzeit Regengüsse regelmäßig und reichlich das Land überströmten. Dafür spricht schon das weitverzweigte Talnetz der arabischen Wüste. Wohl haben vortreffliche Kenner des Landes überzeugend daran erinnert, daß auch die seltenen Gewittergüsse, die über den Wüstenbergen in mehrjährigen Zwischenräumen sich entladen, den Griffel der Landskulptur kräftig zu führen wissen. Das vertrauenswerteste Beobachtungspaar, das der strengste Zweifler sich wünschen kann, Georg Schweinfurth und W. Willcocks, haben am 10. April 1895 bei Heluan den Ausbruch eines Torrenten beobachtet, der bei einem Guß von 40 mm in 3 Stunden aus einem Tälchen von 6 qkm eine Wasserflut von 120 cbm per Sekunde entlud (23). Da diesem Ereignis, dessen Wirkungen durch reichliche Abbildungen dauernd festgehalten sind, in derselben Furche des Wüstengebirges ähnliche Verheerungen 1893 und 1883 vorangingen, entfaltet augenscheinlich das Klima der Gegenwart hier Kräfte, die zur Erklärung bedeutender Erosionswirkungen in einer längeren Reihe von Jahrtausenden ausreichen würden. Indes ist die Annahme einer mit der europäischen Eiszeit zusammenfallenden und sie vielleicht etwas überdauernden regenreichen Periode in Ägypten (Pluvialperiode Hulls) (24) an sich höchst wahrscheinlich und überdies gestützt durch das Auftreten mächtiger, den europäischen völlig ähnlicher Schotterterrassen im Niltal, Resten alter Talböden, die nicht von feinem Schlamm gleich dem heutigen Niederschlag des ägyptischen Nils, sondern von grobem Sand und Rollsteinen aufgeschüttet wurden durch die bewegende Kraft eines stärkeren, höher seinen Spiegel spannenden Stroms (25). Der Mensch war bereits Zeuge dieser regenreicheren Zeit; seine ältesten rohesten Feuersteingeräte, den paläolithischen Europas vergleichbar, sind in diesen diluvialen Schottern gefunden worden (26). Soweit dürfte im wesentlichen Übereinstimmung über die Beurteilung der Vergangenheit herrschen. Auch daß diese Pluvialperiode nicht sofort mit dem Ablauf der Eiszeit erlosch, sondern ein allmählicher Übergang überführte in das Wüstenklima, wird allgemein als wahrscheinlich angesehen.

Dann aber trennen sich die Meinungen bei der Frage, ob jenes feuchtere Klima in die von geschichtlichen Denkmälern und Überlieferungen beleuchtete Zeit seine Wirkung erstreckte. Das ist ein Problem, das für die gesamten Mittelmeerländer lebhaft besprochen wird (27) und für dessen Lösung gerade Ägypten ungewöhnlich verheißungsvolle Bedingungen bietet. Die Natur Ägyptens, seine Trockenheit, seine dem Gefrierpunkt nur selten sich nähernden Wärmeschwankungen haben eine unübersehbare Fülle von Zeugnissen, die uns Blicke in ferne Vergangenheit eröffnen, erhalten, nicht etwa nur steinerne Monumente mit frisch gebliebenen Hieroglyphen, sondern aus weit verschiedenen, namentlich aber den jüngeren Perioden, seit der Ptolemäerzeit, eine Menge dem Kulturboden enthobener Papyrusstreifen und beschriebener Tonscherben, die als ganz unmittelbare Stimmen antiken Lebens zu uns reden (28). Die gegenwärtige Generation hat diesen dem Grab der Jahrtausende entsteigenden Zeugen schon die wichtigsten Aufschlüsse über Wirtschaftsleben, Verwaltung, Rechtspflege einer bisher völlig dunkelen Zeit abgefragt. Sie wird auch der dankbaren Aufgabe sich nicht entziehen, dies große Material in den Dienst der physischen Erdkunde und speziell der jüngsten Epochen der Erdgeschichte zu stellen. Hier ist — allerdings nicht für flüchtig aufraffende Lektüre, sondern für ernstere Forschung — noch eine bedeutende Ernte zu erwarten. Aber auch ehe sie eingebracht ist, wird es nicht ganz aussichtslos sein, das, was wir bereits wissen, für die Geschichte des Klimas der Mittelmeerländer zu verwerten. Versucht man dies, so vermag man meines Erachtens zu keinem anderen Schlusse zu kommen, als der von genauen Kennern des Landes und seiner Vergangenheit, wie Schweinfurth, Blanckenhorn, Flinders Petrie, Floyer, Erman bestimmt ausgesprochenen Überzeugung, daß, soweit unsre Geschichtsforschung rückwärts dringt, in Ägypten dieselben klimatischen Verhältnisse gewaltet zu haben scheinen, wie in der Gegenwart (29).

Diese Frage nach der Beständigkeit des Klimas in geschichtlicher Zeit läßt sich in Ägypten allerdings kaum behandeln ohne einen Seitenblick auf den Faktor der Landesnatur, der dies Land trotz seines Wüstenklimas zum Sitze einer uralten Kultur machte, den Nil. Schon die Existenz dieses Stromes, noch mehr der periodische Wechsel seiner Wasserführung, sein Anschwellen im heißesten Sommer, wenn Griechenlands Bäche versiegten, war den Griechen eine rätselhafte, die ganze Ordnung ihrer Erdanschauung störende Erscheinung. Ihnen war des Parmenides Lehre von der die Tropen füllenden und überragenden „verbrannten Zone“ geläufig, die durch Dürre und Hitze unbewohnbar werde. Nun sahen sie aus ihr einen gewaltigen, gerade nach dem höchsten Sonnenstande weit über die Ufer tretenden Strom hervorkommen, den Boten einer unbekannten Welt. Eine ganze Literatur beschäftigte sich mit diesem Naturwunder (30). Auf dem Baum dieser Literatur sind in der Neuzeit als Epiphyten wieder eine Menge kritischer und erläuternder Schriften erwachsen, alle überbietend eine scharfsinnige, sorgsam abgewogene Studie Hugo Bergers in seinem unsterblichen Werke (31). Aber auch er ist, wie seine nächsten Vorgänger, dem Mißgeschick nicht entgangen, gerade die Pointe dieser antiken Kontroverse über die Ursachen der Nilhochflut und die entscheidende Schrift des Altertums völlig zu übersehen, eine — wie mir scheint — echte Schrift des Aristoteles, die uns allerdings nur in einer mittelalterlichen lateinischen Übersetzung erhalten ist. Sie bringt — auf Grund der Erkundigungen, die Kallisthenes, der als Begleiter des Alexanderzuges in Ägypten einzog — die Kunde, daß der Ursprung der Nilschwelle „kein Rätsel mehr sei", daß „Augenzeugen" ihr Erwachsen aus den Sommerregen des abessinischen Hochlandes verbürgten (32).

Die Kenntnis von dem Anteil der einzelnen Quellströme an der Gestaltung des Nilhochwassers hat sich dann nur langsam vervollkommnet; volle Klarheit hat erst in den letzten Jahren das Netz britischer Beobachtungen über Wetter und Wasserläufe bis empor ins äquatoriale Seengebiet erzielt. Nun aber sind wir soweit, alle Stadien einer normalen Nilhochflut, die ganze Gestalt der Kurve ihres Wasserstandes, auch den Wechsel in Farbe und Schlammführung des Stromes sicher zu verstehen und allen einzelnen Nachrichten des Altertums über den Verlauf der Erscheinung die geschärfte Erfahrung der Gegenwart vergleichend gegenüberzustellen (33). Ergibt sich aber dann — wie es bisher den Anschein hat —, daß alles, was das Altertum von der Zeit des Beginns, der Art des Anwachsens, dem Eintreffen des maximalen Standes und der Dauer der ganzen Hochflut zu melden weiß, auffallend mit der Wahrnehmungen der Gegenwart übereinstimmt; ergibt sich ferner — und auch dahin neigen sich bisher die besten Kenner des Nils —, daß auch im Betrage der Wasserführung der Nil des Altertums mit dem der Gegenwart übereingestimmt hat, dann wird ein Beweis vorliegen, wie man ihn vollkommener nicht verlangen kann, von der Beständigkeit des Klimas in einem weitverzweigten, gewaltigen Stromsystem in zwei Erdgürteln eines weiten Kontinents. Das ist das noch nicht überwundene, aber fest im Auge zu behaltende Problem der Forschung, dem jede, auch die in der Isolierung unscheinbarste Notiz über eine antike Beobachtung am Strome dienen kann. So muß die Altertumsforschung der physischen Geographie ihre Leuchte leihen zur Erhellung neuer Forschungswege.

Außer dem Wasserhaushalt des Stromes, den die Alten sorgsam überwachten, ist ein Gegenstand bedeutsamer Untersuchung auch seine geologische Arbeit. Sie hat in verschiedenen Strecken des Stromes ungleiche Richtung. In den Felsenschwellen der Katarakte ist der Strom geschäftig, sein Bett immer tiefer zu legen, im Schoße des ägyptischen Niltales erhöht er seine Überschwemmungsfläche und in geringerem Grade die Sohle seines gewöhnlichen Bettes. Beide Erscheinungen sind eifrigen, in die Vergangenheit dringenden Studiums wert. Denn bei der Schwierigkeit des Versuches, in geologische Vorgänge ein absolutes Zeitmaß hineinzutragen, ist jeder Erfolg dieses Bemühens von allgemeinerer Bedeutung. Von den Vorbedingungen dafür ist die Ordnung der Chronologie Alt-Ägyptens gerade neuerdings durch die kritische Untersuchung Eduard Meyers auf festere Grundlagen gestellt worden (34). Um so einladender ist die Aussicht, an der Hand seiner Datierungen die Ergebnisse älterer Forschungen über die Schnelligkeit der jüngsten, unter den Augen des Kulturmenschen vollzogenen geologischen Veränderungen neu zu prüfen und zu ergänzen.

Für die Erosionsarbeit, die der Fluß in den Stromschnellen an Nubiens Grenze verrichtet, ist die entscheidende Stelle der Katarakt von Semna. Dort entdeckte Lepsius 1844 an den Felswänden eines Gneisriegels, den der Nil durchschneidet, Höhenmarken der Nilflut aus der Zeit Amenemha's III., den man früher etwa 2100 v. Chr. ansetzte, jetzt in die Zeit zwischen 1850 und 1800 v. Chr. herabrücken muß. Sie lagen etwa 8 m über dem heutigen Hochwasserstande der Gegend und drängten die Geologen zu dem überraschenden Schluß einer Vertiefung des felsigen Nilbettes um diesen Betrag binnen 4000, oder vielmehr binnen 3700 Jahren (35). Die (nur selten in Frage gezogene) Richtigkeit der großen Niveaudifferenz zwischen jenem älteren und dem heutigen Nilhochwasser ward außer Zweifel gestellt durch die neueste fachmännische Untersuchung der Örtlichkeit, durch den englischen Geologen John Ball, der bei niedrigem Nilstande im März 1902 von dem Relief der ganzen Gneisschwelle und der relativen Lage der Marken eine schärfere Darstellung zu erzielen vermochte als es Lepsius im Juli möglich war (36). Die Marken liegen nicht am Rande des schmalen, tiefen Kanals, der die auf 20 m Mächtigkeit bei 40 m Breite zusammengedrängte Wassermenge des Niederwasserstandes des Nils heute aufnimmt, sondern an einem etwas höheren, nur bei Hochwasser noch vom Nil durchspülten Seitenbett, das durch die rasche Vertiefung der heutigen Hauptrinne den größten Teil des Jahres außer Funktion gesetzt ist. Es unterliegt keinem Zweifel, daß lediglich die Enge und das Gefälle die Erosionskraft des reißenden Flusses örtlich ungewöhnlich steigerten und der Vertiefung seiner Hauptrinne einen abnorm raschen Fortschritt sicherten. Es handelt sich nicht um eine einfach sägende Wirkung des Stromes, sondern um die rasch fortschreitende Bildung zahlreicher, dicht gescharter Strudellöcher, die in der von Brunhes am Katarakt von Assuan beobachteten und dann treffend auf die Klammbildung an den Alpenbächen angewendeten Weise (37) auch den Widerstand eines harten Gesteins schnell überwinden, zumal wenn, wie hier, mit der Richtung der Erosionswirkung die Richtung der Gneisflaserung hilfreich übereinstimmt. Nur für diese beschleunigte Art der Erosion haben wir hier ein Zeitmaß gewonnen, — und zwar wahrscheinlich ein irreführend maximales. Denn es ist sehr wohl möglich, daß erst seit einem Jahrtausend der Nil seine Erosionskraft auf die Vertiefung dieser einen Rinne konzentriert hat, die jetzt sein Niederwasser aufnimmt. Das Problem ist augenscheinlich nicht gelöst; es ist weiter zurückgewichen. Man hätte wohl ein Recht, von der britischen Verwaltung, der der Nil den Steuersäckel immer reichlicher füllt, zu erwarten, daß sie der Wissenschaft den Dienst leistete, einerseits eine, den höchsten heutigen Forderungen an wissenschaftliche Genauigkeit genügende Spezialaufnahme dieses historisch wichtigsten Stromprofiles und seiner uralten Marken ausführen zu lassen, andererseits an den Rändern des beständig durchspülten, wie der nur zeitweilig Wasser führenden Kanäle neue Marken anbringen zu lassen, die eine unzweideutige künftige Beobachtung der Veränderungen dieses Stromprofiles sicherstellen.

Im Schwemmlande des ägyptischen Niltales wird die Kontrolle künftiger Niveauveränderungen von Talsohle und Stromsohle sich von selbst aus der Verwaltung der Strompflege ergeben. Aber es ist fraglich, ob diese Veränderungen für die physische Geographie ganz so lehrreich sein werden wie die bisher am ungeknebelten Strome wahrgenommenen (38). Es ist bekannt, wie nach unvollkommenen älteren Versuchen Shaws zuerst Girard, eines der wissenschaftlichen Mitglieder der napoleonischen Expedition, — angeregt durch Dolomieu — ein Durchschnittsmaß für die Schnelligkeit der Erhöhung des Talbodens durch den Niederschlag des Nilschlammes zu gewinnen unternahm, wie sorgfältige Untersuchungen an alten Pegeln ihn zu der Annahme führten, daß die Bodenerhöhung eines Jahrhunderts im Niltal durchschnittlich auf etwa $^1/_8$ m (0,126 m) anzuschlagen sei. Diese Arbeit Girards hat, wiewohl der umsichtige Ingenieur selbst alle Bedenken, die seiner Untersuchung in den Weg traten, klar bezeichnet und keineswegs kritiklos seine Schlußfolgerung vorgetragen hat, im allgemeinen eine sehr geringschätzige, rund ablehnende Beurteilung erfahren. Das kann kein Hindernis sein, seine Spur wieder aufzunehmen; und dazu laden die Entdeckungen am Kai von Karnak gebieterisch ein (39). Dort fand Legrain 1896 45 durch Inschriften datierte und erläuterte Hochwassermarken von Nilständen aus dem 8. und 9. Jahrhundert v. Chr., die nach der eingehenden Untersuchung durch Ventre Pacha in 2800 Jahren eine Erhöhung des Nilbettes um 2,68 m, also im Jahrhundert um durchschnittlich nahezu $^1/_{10}$ m (0,096 m) erweisen, während die Erhöhung der Kulturfläche in einem Jahrhundert auf $^1/_7$ m sich belief. Die Annäherung an Girards Ergebnis ist unverkennbar und sie ist doppelt bemerkenswert, weil hier die Baugeschichte des großen Ammonstempels von Theben die Gelegenheit bietet, die Anwendbarkeit der gewonnenen Werte zu prüfen durch eine, in ein noch früheres Jahrhundert hinabsteigende Untersuchung. Mit Hilfe von Präzisionsnivellements hat man genau die Höhenlage verschiedener Schichten der Bautätigkeit festgestellt und vermag nun mit Klarheit zu erkennen, wie die allmähliche Erhöhung des Nilbettes und des Grundwasserspiegels die Sicherheit der Erhaltung älterer Bauwerke gefährdete, wie eine bestimmte Periode genötigt war, sie preiszugeben und neue aufzurichten, wie Monumente aus gleichem Grunde ihren Platz wechseln mußten. Hier ist es ein Ergebnis der physischen Erdkunde, das zum Verständnis archäologischer Befunde überraschend den Schlüssel bietet und dadurch selbst an Vertrauen gewinnt. Jedenfalls laden diese Wahrnehmungen die Gegenwart ein, gegenüber den Studien über die Erhöhung der Niltalsohle die behagliche Insel negativer Kritik zu verlassen und sich frisch in die Wellen positiver Arbeit hineinzuwagen. Wenn irgendein Strom, so bietet der Nil im reißenden Zuge seiner Katarakte, wie in dem stillen Hingleiten über ein Land, das seine Sinkstoffe mit neuer Fruchtbarkeit segnen, uns die Hoffnung, den Pulsschlag seiner geologischen Arbeit zu belauschen, der Natur ein Zeitmaß ihres Lebens abzufragen.

Gilt es hier, eine Brücke zu schlagen, zwischen Geologie und Geschichte, so hat die letztere allein einem wichtigen Zweige der Erdkunde, der Geographie des Menschen, ein reiches Erntefeld bereitet — reich trotz seiner Enge. Denn innerhalb des Raumes, den Ägyptens politische Grenzen heute umfassen, eines Raumes, der das Deutsche Reich an Umfang erheblich übertrifft, nimmt zwischen weiten Wüsten das ägyptische Kulturland nur eine zusammenhängende Fläche ein, anderthalbmal so groß wie das Königreich Sachsen, kleiner als die preußischen Provinzen Sachsen oder Westpreußen (40). Aber dies beschränkte Kulturgebiet ist ausgezogen in einen langen schmalen Streifen, der fast 1000 km lang von Köln bis Königsberg reichen würde, bei einer Breite von 15—20 km, die nur an einem Ende im Deltaland rasch auf 200 km sich weitet. Schon die Frage nach der Wirkung dieser absonderlichen Gestalt des „Lebensraumes" der Ägypter, den die Lebensader des Nil und der feste Wüstenrahmen doch zu einer klaren Einheit zusammenfaßt, ist der Erwägung wert, und sie gewinnt an Wichtigkeit bei der Fülle des Lebens, das auf diesem Raume in verschiedenen Zeiten dicht sich gedrängt hat. So alt und allverbreitet die Einsicht ist, daß fruchtbare Schwemmländer am frühesten eine dichte Ansammlung der Bevölkerung begünstigen, so selten gewinnt diese Gewißheit schon für ferne Vergangenheit einen scharfen statistischen Ausdruck. Ägypten steht in dieser Beziehung vielleicht einzig da mit den aus der ersten Ptolemäerzeit stammenden Angaben, daß seine damalige Volkszahl von mehr als 3 Millionen wesentlich zurückstand hinter den 7 Millionen der Pharaonenzeit. Von der Entstehung dieser Ziffern wissen wir nichts Näheres; den Vorzug innerer Wahrscheinlichkeit dürfen wir ihnen zuerkennen auf Grund der vor unseren Augen vollzogenen Bevölkerungsbewegung, die Ägyptens Einwohnerschaft in der zweiten Hälfte des 19. Jahrhunderts von 5 auf $9^3/_4$ Millionen hob. Auch des Josephus Angabe, Ägypten habe unter Nero mit Ausschluß seiner Hauptstadt $7^1/_2$ Millionen — mit ihr also wohl 8 Millionen — Bewohner gezählt, läge ganz im Bereiche der Möglichkeit; das Zutrauen zu ihr wird nur durch die angebliche Herleitung aus einer für solche Schlüsse ungeeigneten Kopfsteuersumme gefährdet (41). Jedenfalls führen alle diese Ziffern uns Ägypten als das weitaus am dichtesten bevölkerte Land des antiken Kulturkreises vor. Eine Volksdichte von 300 Köpfen auf 1 qkm ist auch heute so ungewöhnlich groß, daß man mit Spannung harren muß, ob uns die Papyrusfunde einmal auch nur für einen kleinen Teil des Landes einen Prüfstein in die Hand spielen werden. Jedenfalls macht schon die Menschenfülle Ägypten von der Blütezeit seiner alten Selbständigkeit an zu einem fesselnden Gegenstande wirtschaftsgeographischer Betrachtung.

Je dichter — Dank reichlich zuwachsender Nahrung — die Menschen auf dem schmalen Kulturstreifen zwischen zwei Wüsten sich drängten, je bestimmter der unentbehrliche, hochgespannte Ertrag der Feldflur abhing von der strengen, zweckmäßigen Verwertung der Wasserschätze der Nilhochflut unter gemeinsamer, genau geregelter Arbeit, desto fester drängte die Natur selbst hier hin auf volle Unterwürfigkeit dieser Millionen unter den widerspruchslos waltenden Willen einer despotischen Herrschergewalt. Bei allen Wechseln des politischen Schicksals des Landes, von der Zeit der Pyramidenbauer bis zum Einzug der britischen Schutzherrn, ist harte Arbeit und beengte gedrückte Lage der großen Menge der Bewohner immer ein Grundzug seines Lebens gewesen. Wie in diesem Punkte, haben auch sonst scharfblickende Beobachter der Gegenwart und kenntnisreiche Erforscher der Vergangenheit des Landes sich vereinigt zu dem Nachweis der Einwirkungen, die des Landes scharf geprägte Natur auf Gesundheit und körperliche Entwicklung, auf das soziale und häusliche Leben, auf Charakter und Geistesart der Bevölkerung geübt hat (42). Kein Land ladet mehr zu diesem kulturgeographischen Studium ein. Aber keines läßt auch klarer die Grenzen hervortreten, die solchem Bemühen gesteckt sind. Wie der rauschende Bach nur, wenn er in stiller Sammlung einmal seinen Spiegel glättet, die Bilder der Ufer in festen Linien zurückwirft, so werden nur vereinzelt aus dem Strome des ägyptischen Lebens so reine Reflexe der Natureindrücke uns entgegenstrahlen, wie der herrliche Hymnus der Sonnenverehrung Amenophis IV. und die seinem religiösen Reformversuch entstammenden Bilder der göttlichen Sonnenscheibe, deren Strahlen, in die Form von Händen auslaufend, uns anmuten wie eine Ahnung des Gesetzes der Erhaltung der Kraft, der Umsetzung von Licht und Wärme in Arbeitsenergie (43). Die Masse des Volkes und der Priesterschaft hat diesem Gedankenflug nicht zu folgen vermocht; sie ist stecken geblieben in den fratzenhaften, altgewohnten religiösen Vorstellungsformen, durch die jene großen Naturgewalten, die Ägyptens Leben beherrschen, Sonne und Nil, nur wie unüberwindliche Grundfarben matter hindurchschimmern.

Auch diese Gedankenwege werden gekreuzt von der Streitfrage über die Beständigkeit des ägyptischen Klimas. Fehlt es doch nicht an Stimmen, die geradezu die gewaltigen Kulturleistungen des alten Ägyptens als Beweise für eine kühlere, feuchtere Vergangenheit ins Feld führen und die Wiederholung der geistigen Großtaten des klassischen Altertums unter dem Klima der Gegenwart für unmöglich erklären (44). Solchen Äußerungen darf man getrost die Behauptung gegenüberstellen, daß die Summe der Geistesarbeit, die im 19. Jahrhundert von Männern, die dort völlig heimisch wurden, in Ägypten geleistet worden ist, den Vergleich mit der wissenschaftlichen Ernte der alexandrinischen Gelehrtenschule nicht zu scheuen braucht. Uns Deutschen tritt gegenüber solchen Zweifeln mit tröstlicher Zuversicht namentlich die Gestalt des Mannes zur Seite, der aus dem heroischen Zeitalter der Afrikaforschung, dem seine Jugend angehörte, uns herüberführen half in die Periode wissenschaftlicher Vertiefung und fruchtbarer Verknüpfung weit auseinanderstrebender Einzelstudien. So lange Männer vom Schlage Georg Schweinfurths in Ägypten mit wahrer Jugendfrische bis zu hohen Jahren forschend wirken, brauchen wir nicht zu fürchten, daß je die Quellen der Belehrung versiegen oder karger fließen könnten, die Ägypten ausströmen läßt über die ganze gebildete Welt.

ANMERKUNGEN

(1) Fr. Ratzel, Über die anthropogeographischen Begriffe Geschichtliche Tiefe und Tiefe der Menschheit, Berichte der Kgl. Sächs. Ges. der Wissenschaften 1889.

(2) Fr. Ratzel, Die Zeitforderung in den Entwicklungswissenschaften. Ostwalds Annalen der Naturphilosophie. I. 309—363. II. 40—97.

(3) Andrews, Fossil mammalia from Egypt. Geol. Mag. 1899—1904; dazu Lydekker, Animals of Africa. Quart. Review 1904. Oct. Blanckenhorn, Geschichte des Nilstroms in der Tertiär- und Quartärperiode. Ztschr. der Ges. f. Erdk. Berlin 1902. 697—699.

(4) H. B. Tristram, The Fauna and Flora of Palestine. (Survey of Western Pal.) London 1884. XI. XII. 162—177.

(5) Blanckenhorn, Die Strukturlinien Syriens und des Roten Meeres. Eine geotekton. Studie. Richthofen-Festschrift. Berlin 1893, 115—180. A. Issel, Essai sur l'origine et la formation de la Mer Rouge. Mém. de la Soc. Belge de Géol. XIII. Bruxelles 1899. 65—84. Blanckenhorn, Geologie Ägyptens. Berlin 1901. Heft III. (S.-A. aus Ztschr. d. D. Geol. Ges. 1901. 65—67.) Heft. IV. (S.-A. aus Ztschr. d. D. Geol. Ges. 1901. 427. 501.)

(6) Beschreibungen dieser Nehrung boten Greville Chester, A Journey to the biblical sites in Lower Egypt. Quarterly Statement of the Palestine Exploration Fund 1880. 144—158, m. Karte (wieder abgedruckt in Survey of Western Palestine. Special Papers. London 1881. 4°. 96 bis 111.) Ascherson, Bull. de l'institut égyptien (2) VIII. 1887. 175—187.

(7) Die berüchtigten „Barathra" der Nehrung des Sirbonischen Sees (Polyb. V. 80. Diod. I. 30, 4. XVI. 46, 5) sind für Strabo XVI. 760. XVII. 803 unverständlich gewesen; er vermengt sie mit den Sümpfen um Pelusium und hat dazu natürlich auch neuere Erklärer verleitet. Daß es „Triebsandstellen" waren, geht aus der klassischen Schilderung, die Diodor XVI. 46 uns erhielt, so deutlich hervor, daß die bestätigende Beobachtung von Greville Chester über das Vorkommen von „quicksand" auf diesem Sandstreifen kaum nötig war, um jeden Zweifel zu heben.

(8) G. Berendt, Geologie des Kurischen Haffs. 1869. 18. 21—27.

(9) Sammlung der antiken Nachweise bei A. Wiedemann, Herodots zweites Buch mit sachl. Erläuterungen. Leipzig 1890. 87.

(10) Tac. Ann. II. 59. Hist. I. 11. Mommsen, Röm. Geschichte. V. 554.

(11) G. Schweinfurth, Ägyptens auswärtige Beziehungen hinsichtlich der Kulturgewächse. Verh. Berl. Ges. f. Anthr. 1891. 649—669; dazu 1897. 267.

(12) Ed. Hahn, Die Haustiere. Leipzig 1896. 456. 457. 474.

(13) A. Erman, Eine Reise nach Phönizien im 11. Jahrh. Ztschr. f. Ägypt. Sprache u. Altert. 38. 1900. 1—14.

(14) Die Gliederung der Geschichte nach dem wachsenden Umfang der von ihren Vorgängen beherrschten Wassergebiete hat E. Kapps Philosophische oder vergleichende allgemeine Erdkunde 1845 der Darstellung der politischen Geographie zugrunde gelegt. Die Zeit der potamischen Kulturen betrachtet eingehender Léon Metchnikoff, La civilisation et les grands fleuves historiques. Paris 1889.

(15) Stobaeus, Ecl. phys. I. 992; dazu Pietschmann, Aigyptos in Pauly-Wissowas Realencyclop. I, 1 985.

(16) H. Nissen, Die Erdmessung des Eratosthenes. Rhein. Mus. f. Phil. N. F. LVIII. 1903. 231—245. Einen merkwürdigen, aber nicht überzeugenden Versuch, den alteinheimischen Namen Syenes mit seiner Lage auf dem Wendekreise in Verbindung zu bringen, macht Ventre Bey, L'âge de l'ancien temple d'Assouan. Bull. de l'Institut Egyptien. (3) III. 1892. 41. 42.

(17) Schwarz, Der Geograph Claudius Ptolemäus. Rhein. Mus. XLVIII. 1893. 258—274.

(18) Vidal de la Blache, Les voies de commerce dans la géographie de Ptolémée. C. R. de l'Ac. des Inscr. et Belles-Lettres. (4) XXIV. 1896. 456—483. m. Karte.

(19) Johannes Walther, Die Denudation in der Wüste. Abh. Sächs. Ges. d. Wissensch. math.-naturw. Kl. XXVII. 1891. 345—569. Das Gesetz der Wüstenbildung. Berlin 1900. An Walthers Untersuchungen knüpfen sich mit teilweiser kritischer Einschränkung seiner Ergebnisse die Beobachtungen von Baltzer, Mitt. d. naturf. Ges. in Bern. 1895. 33. Eberh. Fraas, Geogn. Profil vom Nil zum Roten Meere. Ztschr. d. D. Geol. Ges. 52. 1900. 618. M. Blanckenhorn, Geologie Ägyptens. Heft IV. (S.-A. aus Ztschr. d. D. Geol. Ges. 1901.

477—479.) Über die äolische Sedimentbildung ist außer diesen Autoren zu hören Vaughan Cornish, Desert Sand-Dunes bordering the Nile Delta. Geogr. Journ. XV. 1900. 1—30. Eine Fülle schöner, von den Geographen wenig beachteter Beobachtungen bergen die Werke des Egypt Exploration Fund.

(20) So beachtenswert die Ausführungen von Ernest Ayscoghe Floyer, Etude sur le Nord-Etbai. le Caire 1893. 83—94, über die Rolle des Kamels als Vernichters der spärlichen Baumvegetation der Wüstenstriche im Osten des Niltals sind, wird man doch nicht mit ihm den Arabern die Verbreitung des Tieres über Nord-Afrika zuschreiben können, gegenüber den Zeugnissen, die O. Keller, Tiere des Altertums. Innsbruck 1887. O. Lehmann, Das Kamel, seine geogr. Verbreitung. Ztschr. f. wiss. Geogr. VIII. 1891. 93—141, und zuletzt Ed. Hahn, Die Haustiere. 231. 232, zusammengestellt haben. Aber das Merkwürdigste bleibt die von G. Schweinfurth, Verh. d. Berl. Ges. f. Anthr. 1891. 651 Anm., hervorgehobene Entdeckung Golenischeffs von Zeichnungen des Kamels aus der Zeit der XI. Dynastie im Wadi Hammamat; vgl. auch Wiedemann, Proc. of the soc. of bibl. arch. XIII. 1890—91. 32. 33 und F. W. v. Bissing, Zur Gesch. des Kamels. Ztschr. f. ägypt. Spr. XXXVIII. 1900. 68. 69.

(21) Hähnel, Die Morphologie und Hydrographie der Oasen. Progr. Bunzlau 1895. Willy Marcus, Oasen und Inseln. Festschr. d. Geogr. Semin. d. Univ. Breslau zur Begrüssung des XIII. Deutschen Geographentages. Breslau 1901. 65—81.

(22) Weingarten, Der Ursprung des Mönchtums. Gotha 1877. Ztschr. f. Kirchengesch. I. 1877. 1—35. 545—574. Die spätere Literatur nun bei Stefan Schiwietz, Das morgenländische Mönchtum. I. Mainz 1904.

(23) E. Floyer, Note sur l'érosion par le vent et l'eau. Bull. de l'Institut Egyptien. VI. 1895. 231—236. mit 12 Tafeln.

(24) Die Anschauung einer diluvialen und bis über die Grenze der europäischen Eiszeit hinaus fortdauernden Pluvialperiode begründete Edw. Hull, On the Geology and Geography of Arabia Petraea, Palestine, Mem. Pal. Expl. Fund 1889. 69. 113—116. 123—127. Observations on the geology of the Nile valley and on the evidence of the greater volume of the river at a former period. Qu. J. of the Geol. Soc. LII. 1898. 308—319.

(25) Über die diluvialen Schotterterrassen des Niltales, vgl. außer Edw. Hull namentlich Dawson, Geol. Mag. (3) I. 1884. 289—292. Blanckenhorn, Geologie Ägyptens. Heft IV. (S.-A. aus Ztschr. d. D. Geol. Ges. 1901. 428—431).

(26) Pitt-Rivers, On the discovery of chert implements in stratified gravel in the Nile valley. J. Anthr. Inst. 1882. G. Schweinfurth, Verh. Berl. Ges. f. Anthr. 1902. 100. 293—308. Ztschr. f. Ethn. 1903. 504—507. 798—822. Blanckenhorn, Die Geschichte des Nilstroms in der Tertiär- und Quartärperiode, sowie des paläolith. Menschen in Ägypten. Ztschr. Ges. f. Erdk. 37. 1902. 694—722. 753—762.

(27) J. D. Whitney, The Climatic Changes of later Geological Times. Memoirs of the Mus. of comp. Zoology VII. 2. Cambridge 1882. Theob. Fischer, Studien über das Klima der Mittelmeerländer. E. H. 58 zu Peterm. Mitt. Gotha 1879. 41—46. Aufgaben und Streitfragen der Länderkunde im Mittelmeergebiete. Peterm. Mitt. L. 1904. 175. 176. J. Partsch, Über den Nachweis einer Klimaänderung der Mittelmeerländer in geschichtlicher Zeit. Verh. d. 8. D.

Geogr.-Tages. Berlin 1889. 116—125; dazu Th. Fischer, ebenda XV.

(28) U. Wilcken, Die griechischen Papyrusurkunden. Vortrag vor der 44. Versammlung Deutscher Philologen in Dresden. Berlin 1897.

(29) Die wichtigsten Zeugnisse der antiken Literatur für ein vom heutigen nicht verschiedenes Klima Ägyptens sammeln A. Wiedemann, Herodots zweites Buch mit sachl. Erläuterungen. S. 107. Pietschmann, Aigyptos in Pauly-Wissowas Realenzyklop. I. 978—1005. Von neueren zum Urteil berufenen Forschern sprechen in diesem Sinne sich aus Flinders Petrie, Ten years digging in Egypt. London 1892. 148—153. A history of Egypt from the earliest times to the XVI. Dynastie. London 1894. 1. Ad. Erman, Ägypten und ägyptisches Leben im Altertum. Tübingen 1885. I. 27. Floyer (und Schweinfurth), Bull. de l'inst. égypt. V. 1894. 212. VI. 1895. 229—236. Aus Schweinfurths älteren Veröffentlichungen ist zu vergleichen Bull. Inst. Egypt. 1873. 204. Wenig bietet Grant Bey, The climate of Egypt in geological, prehistoric, and ancient historic times. Journ. of Transact. of the Victoria Institute XXXII. London 1900, 87—106. Aus der Nachbarschaft sind ähnliche Eindrücke zu beachten. H. Hilderscheid, Die Niederschlagsverhältnisse Palästinas in alter und neuer Zeit. Ztschr. d. D. Paläst.-Ver. XXV. Leipzig 1902. 1—105.

(30) Die wichtigsten antiken Zeugnisse über den Nil und seine Hochflut sammeln und beleuchten M. Fr. Wendelin, Admiranda Nili. Francofurti 1623. F. A. Ukert, Geogr. der Griechen und Römer. Weimar 1821. II. 1. 46—51. Bauer, Antike Ansichten über das jährliche Steigen des Nils in den Histor. Untersuchungen, Arnold Schaefer gewidmet. 1882. 70—97. A. Wiedemann, Herodots zweites Buch mit sachl. Erläuterungen. 1890—99. 105.

(31) Hugo Berger, Geschichte der Wissensch. Erdkunde der Griechen. 2. Aufl. Leipzig 1903. 130—145.

(32) Aristoteles, „Über das Steigen des Nils" (Val. Rose, Aristoteles Pseudepigraphus 631—643. Aristotelis Fragmente coll. Aem. Heitz, Parisiis 1869. 211—213) wird von Val. Rose einem Zeitgenossen des Theophrast zugeschrieben, von Gercke (Artikel Aristoteles in Pauly-Wissowas Realenzyklop.) in noch weit jüngere Zeit gesetzt. Anders und, wie ich glaube, richtiger scheint über die Schrift Diels zu urteilen. Seneca und Lucan. Abh. d. Berl. Akad. 1885. Die Sache verdient eine besondere Untersuchung.

(33) Die älteren Studien über die Entstehung der Nilhochflut durch das Zusammenwirken der verschiedenen Quellflüsse selbst die Arbeiten von E. Lombardini, Saggio idrologico sul Nilo (letto 1864), Memorie del reale istituto Lombardo. X. Milano 1867. 1—64. und Ventre Pacha Hydrologie du bassin du Nil. Bull. Soc. Khédiv. IV. Serie. 1894. 1—43 sind jetzt überholt durch W. Willcocks, Egyptian Irrigation. Second edition. London 1899. 27—56. The Nile in 1904. London 1904. Dazu: Percival C. Waite, The annual rise and fall of the Nile. Scott. Geogr. Mag. XX. 1904. 474—489. 543. 544. H. G. Lyons, On the Nile Flood and its Variation. Geogr. Journ. XXVI. 1905. 249—271.

(34) Ed. Meyer, Ägyptische Chronologie. Abh. d. kgl. Akad. d. Wiss. Berlin 1904.

(35) Lepsius, Briefe aus Ägypten. Berlin 1852. 259 bis 260. Denkmäler aus Ägypten und Äthiopien. Leipzig 1849 bis 1850. Abt. I. Bl. 111. 112. II. Bl. 139; dazu Horner, New Edinburgh Philos. Journal 49. 1850. 126—144. (Qu. Journ. Geol. Soc. VI. 1850. 384. 385.)

(36) John Ball, The Semna Cataract or Rapid of the Nile, a study in rivererosion. Qu. Journ. Geol. Soc. LIX. 1903. 65—79.

(37) J. Brunhes, De vorticum opera seu quomodo et quatenus aquae currentes per vortices circumlatae ad terram exedendam operam navent. Friburgi Helvetiorum 1902.

(38) Die Geschichte der Studien über Bodenerhöhung des Niltals überblickt kurz Joh. Jankó, Das Delta des Nil. Budapest 1890. 6. (Mitt. aus den Jahrb. d. Kgl. ung. Geol. Landesanst. VIII. 238). Girard, Observations sur la vallée d'Egypte et sur l'exhaussement séculaire du sol qui la recouvre. Descr. de l'Egypte Hist. nat. II. Paris 1812. 30; vgl. auch Mém. de l'Acad. royale. Paris 1819. 184. Von Borchert haben wir in allernächster Zeit eine Behandlung der Nilpegel des Altertums zu erwarten.

(39) G. Legrain, Textes gravés sur le quai de Karnak. Les crues du Nil depuis Sheshonq I jusqu'à Psametik. Ztschr. f. ägypt. Sprache und Altert. XXXIV. 1896. 111—121. Ventre Pacha, Crues modernes et crues anciennes du Nil. ebenda. 95—107. Daressy, Rapport sur l'écroulement de onze colonnes dans la salle hypostyle du grand temple d'Amon à Karnak. Annales du serv. des antiquités de l'Egypte I. 1900. 121—138. Legrain, Second rapport sur les travaux exécutés à Karnak. ebenda. IV. 1903. 30—35. (Remarques sur le niveau des terres et du Nil à l'époque pharaonique.)

(40) A. Supan, Die Bevölkerung der Erde XII. (Erg.-Heft 148 zu Peterm. Mitt.) S. 79, beschränkt das früher durch Einschluß weiter Wüstenräume auf das 1½fache gesteigerte Areal Ägyptens auf 642000 km; das Kulturland mißt nach Willcocks (a. a. O. 23) 23300 qkm.

(41) Die Quellen für Ägyptens Bevölkerung im Altertum sind nicht ganz übereinstimmend gedeutet worden von Mommsen, Römische Geschichte. V. 578. J. Beloch, Die Bevölkerung der griechisch-römischen Welt. Leipzig 1886. 254—258. Seeck, Jahrbb. f. Nationalökon. 68. (3. F. 13)

1897. 166—168. (Dagegen Beloch, ebenda. 327. 328) und Kurt Wachsmuth, 74 (3. F. 19). 1900. 776—781.

(42) Ad. Erman, Ägypten und ägyptisches Leben im Altertum. Tübingen 1885. I. 27—32.

(43) Lepsius, Denkmäler aus Ägypten und Äthiopien. III. 97—110. W. M. Flinders Petrie, A history of Egypt during the XVIIth and XVIIIth Dynasties. London 1896. 215—218. J. H. Breasted, De hymnis in solem sub rege Amenophide IV. conceptis. Berlin 1894. Deutsch bei Ad. Erman, Die ägyptische Religion, 67—69. G. Steindorff, Die Blütezeit des Pharaonenreichs. Bielefeld und Leipzig 1900. 144. 194—195.

(44) O. Fraas, Aus dem Orient. Stuttgart 1868. I. 215. 216.

Druck von Metzger & Wittig in Leipzig.

FSC
www.fsc.org
MIX
Papier | Fördert
gute Waldnutzung
FSC® C083411

Zeitfracht Medien GmbH
Ferdinand-Jühlke-Straße 7
99095 Erfurt, Deutschland
produktsicherheit@kolibri360.de